Anja Budich

Besiedelungsgeschichte Frankreichs bis zu den Römern

GRIN Verlag

Bibliografische Information der Deutschen Nationalbibliothek:

Die Deutsche Bibliothek verzeichnet diese Publikation in der Deutschen National-
bibliografie; detaillierte bibliografische Daten sind im Internet über http://dnb.d-
nb.de/ abrufbar.

Impressum:

Copyright © 2009 GRIN Verlag GmbH
Druck und Bindung: Books on Demand GmbH, Norderstedt Germany
ISBN: 978-3-656-53571-3

Dieses Buch bei GRIN:

http://www.grin.com/de/e-book/264010/besiedelungsgeschichte-frankreichs-bis-zu-
den-roemern

Universität Augsburg

Fakultät für Angewandte Informatik

Lehrstuhl für Physische Geographie und Quantitative Methoden

Besiedlungsgeschichte Frankreichs bis zu den Römern

Budich, Anja

Abgabetermin: 02.06.09

Inhaltsverzeichnis

Abbildungsverzeichnis

1 Einleitung

63,8 Millionen Franzosen leben zur Zeit in Frankreich, darunter 4,9 Millionen Ausländer. Sie alle haben eine Vergangenheit, die nicht etwa seit der Gründung der Republik besteht, auch nicht erst seit die Römer in das Gebiet einwanderten. Nein, die Geschichte der Franzosen kann man bis zu den Ursprüngen des menschlichen Daseins ab ca. 200 000 v. Chr. zurückverfolgen. Mit dieser Zeit, zwischen der ersten Besiedelung Frankreichs durch die Menschen bis zum Eindringen der Römer um ca. 50 v. Chr. wird sich die vorliegende Hausarbeit mit dem Thema „ Besiedlungsgeschichte Frankreichs bis zu den Römern" beschäftigen, die im Wesentlichen in vier Gliederungspunkte aufgeteilt ist. Zunächst wird die Urzeit in Frankreich behandelt, wobei der Schwerpunkt auf den Neandertalern und den Crô-Magnon / Chancelademenschen liegen wird. Der zweite Punkt, die Vorzeit, befasst sich hauptsächlich mit den klimatischen Veränderungen und deren Auswirkung auf die menschliche Lebensweise. Im dritten Gliederungspunkt wird ausführlich auf die Kelten, die späteren Gallier, eingegangen, in dem dass ihre Lebensweise anschaulich dargestellt wird. Der vierte Punkt beschäftigt sich kurz mit der Eroberung Galliens durch die Römer. Die Arbeit endet mit einem Fazit, das über die abgegrenzte Zeit (Urzeit- Kelten-Römer) hinausreicht.

2 Die Urzeit

Gliederung der Entwicklungsphasen

Alle Entwicklungsphasen der Alt- und Steinzeit sind mit französischen Namen belegt, die nach dem jeweiligen Locus typicus bzw. den wichtigsten Fundstellen benannt sind. Dabei ergibt sich folgende vereinfachte Gliederung nach PLETSCH 2003:

1. *Altpaläolithikum (2,5 bis 35 000 v.Chr.)*
    - *Abbévillien (Fundort: Abbeville)*
    - *Aucheuléen (Fundort: St. – Aucheul)*
    - *Moustérien (Fundort: Le Moustier)*
2. *Jungpaläolithikum (35 000 bis 10 000 v. Chr.)*
    - *Aurignacien (Fundort: Aurignac)*
    - *Gravéttien (Fundort : La Gravette)*
    - *Solutréen (Fundort : Solutré)*
    - *Magdalénien (Fundort : Le Medelaine)*
3. *Mesolithikum (10 000 bis 5000 v. Chr.)*
    - *Azilien (Fundort: Mas d'Azil)*
    - *Sauéeterrien (Fundort: Sauveterre-la Lemance)*

- *Tardénoisien (Fundort : Tardenois)*
- *Montmorencien (Fundort : Forêt de Montmorency)*

(**PLETSCH** 2003, S. 72)

2.1 Das Jägerdasein der Steinzeitmenschen

Schon zu einer Zeit, als ein großer Teil des europäischen Kontinents noch von Gletschern bedeckt war, bewohnten schon Menschen mit einer eigenen Kultur das heutige Gebiet Frankreichs.

Lange bevor die Gallier dieses Gebiet besiedelten, bestanden dort zwei hochstehende, durch Jahrtausende voneinander separierte Kulturen, die ihre Spuren hinterließen.

Die zahlreichen Gravierungen auf Stein und Knochen, die Skulpturen und farbigen Felsbilder, die in etlichen Höhlen Südfrankreichs entdeckt wurden und aus dem Jungpaläolithikum stammen, zeugen davon.

Jedoch fand man in etlichen geologischen Schichten Steinwerkzeuge der Neandertaler, die bereits 200000 Jahre früher auf dem Boden des heutigen Frankreichs lebten.

Viele Jahre nach der Zeit der Felsbilder, die im späten Neolithikum und in den Anfängen der Bronzezeit entstanden sind, etwa 2000 Jahre v. Chr., fand der entscheidende Schritt der Nachkommen der Neandertaler vom nomadisierten Jägertum zum sesshaften Bauerntum statt.

Aufgrund dessen wird Frankreich von zahlreichen Autoren oft als das „Paradies der Urmenschen" bezeichnet.

Man nimmt heute allgemein an, dass das erste Auftreten des Menschen auf französischem Boden in die älteste Steinzeit, das Paläolithikum, fällt.

Die Prähistoriker untergliedern diese Zeit der nomadisierenden Jäger und Früchtesammler in das Altpaläolithikum (mit mildem, feuchtem Klima und üppiger Vegetation) und in das Jungpaläolitikum (mit kaltem und trockenem Steppenklima). Diese Untergliederung beruht auf den Funden von Werkzeugen die sich erhielten, den Tierknochenfunden, die den Wechsel der Fauna anzeigen, den menschlichen Skelettresten, auf denen die Rassenunterschiede erkennbar sind und auf den Kunstwerken, die in den Kulthöhlen des Altpaläolithikums entdeckt wurden.

Bereits seit dem Altpaläolithikum, vor 2,5 Mio., Jahren hat Frankreich seine heutige geographische Form und wies eine reiche Vegetation auf, die durch Lorbeer-, Buchs- und Feigenbäume gekennzeichnet war. In dieser subtropischen Landschaft lebten der Alt- und Südelefant, das Flusspferd und das Nashorn, der Säbeltiger, der Höhlenlöwe und die Höhlenhyäne. Ein Klimawandel verursachte gegen Ende des Zeitraumes eine große Ausdehnung der Gletscher, so dass neue Tierarten, die dem rauhen Klima besser angepasst waren, auftauchten. Dies waren insbesondere das Mammut, das Nashorn, der Wisent und der Blaufuchs.

Die Neandertaler (homo erectus) waren die erste Menschenrasse, die man durch eine Reihe von Skelett- und Schädelfunden sowie durch Werkzeugfunde in Frankreich nachweisen konnte. Wegen der häufigen Wechsel zwischen Warm- und Kaltzeiten und entsprechenden Gletschervorstößen und Meeresspiegelschwankungen wurden etliche Fundstellen durch geologische Vorgänge zerstört, was das stark lückenhafte Bild dieser Zeit erklärt. (Vgl. TRACHSEL 2008, S. 51-53)

Sie standen auf der niedrigsten Stufe der wirtschaftlichen Kultur, derjenigen der unsteten Früchtesammler und Jäger. Aus den Nahrungsresten, die in den betreffenden Schichten vorgefunden wurden, geht hervor, dass sie Großwildjäger waren. Da sie wohl über keinerlei Jagdgeräte verfügten, erlegten sie die Tiere wahrscheinlich mit den einfachsten Mitteln wie dem Steinwurf, den Fanggruben oder mit einfachen Fallen. Zum Schutz gegen Unwetter ließen sie sich zumeist an Stellen nieder, an denen sie vor Regen, Wind, Sonne oder Überflutung geborgen waren. In den Interglazialen lebten sie im Freien, begnügten sich mit natürlichen Schutzstellen, später, als das Klima rauer und kälter wurde, suchten sie Höhlen auf, die sich meist in der Nähe von Wasserläufen befanden. Über hundert Höhlen dieser Art wurden in Frankreich gefunden. (Vgl. KUCKENBURG 2005 S. 103-105)

Die einfachen Werkzeuge der Altpaläolithiker waren noch durchweg aus Feuerstein hergestellt und hatten die Form eines Faustkeiles. Die Kleidung bestand, sofern sie in dem subtropischen Klima notwendig war, aus umgehängten Tierfellen.

(Quelle: www.wissenschaft.de)

Die einfache Sammlerwirtschaft deckte den augenblicklichen Nahrungsbedarf der Neandertaler, denn jagdbare Tiere und Rohstoff für Feuersteinwerkzeuge fand man überall. Man nimmt an, dass infolge des unsteten Wanderlebens es wahrscheinlich nicht zu einer Bildung größerer Verbände kam; das einzige Band war die Horde, die unter dem unbedingten Zwang der Nahrungsbeschaffung und der Verteidigung fest zusammenhielt. (Vgl. KUCKENBURG 2005. S. 120ff)

Nach dem Klimawandel der letzten Eiszeit prägten sich die jahreszeitlichen Unterschiede immer stärker aus: die Winter waren lang, die Sommer kurz aber sehr heiß, ähnlich wie heute in den Steppen Sibiriens. Somit änderte sich auch die Fauna. Neben den Tieren des Altpaläolithikums tauchten neue Arten auf: der Moschus- und Auerochse, das Wildpferd, der Hirsch und das Reh, am wichtigsten war aber das Rentier. Dies beherrschte in jenem Zeitraum das ganze Leben in solchem Ausmaß, dass man von einer Rentierzeit spricht – im Gegensatz zum Altpaläolithikum, das oft Mammutzeit genannt wird. Das Rentier lieferte den Menschen nämlich alles, was sie zum Leben benötigten: sein Fleisch zur Ernährung, sein Fell zur Bekleidung, seine Knochen und sein Geweih für

Werkzeuge und Geräte sowie Nähnadeln. Die Bedeutung der Rentiere in dieser Zeit lässt sich an den vielen Wandmalereien in den Höhlen Südfrankreichs festmachen. (Vgl. BEAUTIER 1987, S. 18-21)

Während der Phase des Jungpaläolithikums (40 000 – 9500 v. Chr.) lagen große Teile Europas unter Eis, die verbliebenen eisfreien Gebiete waren größtenteils Tundra. Die großen Eismassen banden deshalb entsprechende Mengen an Wasser, was die Meeresspiegel tief sinken lies. Die damaligen Küsten liegen heute bis zu 150 m unter dem Meeresspiegel, was ein Quellenproblem zur Folge hatte: Einer der optimalen Lebensräume für Jäger und Sammler, die Meeresküste, ist somit der Forschung kaum zugänglich.

Der Träger des Jungpaläolithikums ist der Homo sapiens, der nach seiner französischen Fundstelle Crô-Magnon, auch so genannt wird, und der ab ca. 40 000 v. Chr. von Afrika über den Vorderen Orient immer weiter nach Europa vordrang. Dieser Mensch unterschied sich grundlegend von den früheren Menschenarten. (Vgl. TRACHSEL 2008, S. 52-55)

2.2 Die Menschen von Crô-Magnon und Chancelade

In der Mitte der letzten Eiszeit tauchten neben den Tieren auch neue Menschenrassen in Frankreich auf, die wahrscheinlich aus dem Osten kamen, von wo sie durch das Vordringen der Gletscher vertrieben worden waren. So verdrängten sie die altpaläolithischen Neandertaler, deren primitive Lebensweise wohl den Unbilden des rauhen Klimas nicht standhielt.

(Quelle: www.wdr.de/.../index.jhtml?pbild=1)

Anders als der Körperbau der Neandertaler ist derjenige dieser neuen Menschenrasse dem unsrigen viel ähnlicher. Dem Körperbau nach unterscheidet man zwei jung-paläolithische Rassen: die Rasse vom Crô-Magnon Menschen und die Rasse von Chancelade, die nach den Orten in der Dordogne benannt wurden, in denen die bedeutendsten Skelettreste gefunden wurden. Diese beiden Rassen scheinen ganz Frankreich besiedelt zu haben. Die Lage der Fundorte von Skeletten, Werkzeugen und v.a. von Höhlenmalerein lässt darauf schließen, dass sie am liebsten weit südlich des Eisrandes, besonders in den tief in das Kalkplateau eingegrabenen Tälern des Périgord, den Felshöhlen des Garonnebeckens und der Nordhänge der Pyrenäen wohnten.

Auch die Menschen von Crô- Magnon und Chancelade standen noch auf der Stufe der Jäger und Früchtesammler, denn ihnen waren Ackerbau und Viehzucht noch unbekannt. Diese Menschen hatten ihr Leben bereits bewusst dem Rhythmus der Natur angepasst, bevorzugten ein bestimmtes Wild und versuchten durch magische Zauber den Erfolg der Jagd zu beeinflussen. Wenn das gejagte Wild abzog, so wandert sie ihm nach. Auch waren ihre Jagdmethoden nicht mehr so primitiv, sondern gut durchdacht: aus Gravierungen weiß man, dass sie schon Fallen aus Balken errichteten, Schlingen legten und Treibjagden veranstalteten. Am Fuß der Felsen von Solutré (Saône-et-Loire) fand man Reste von ca. 10 000 Wildpferden, die auf diese Weise erlegt worden waren. Die Crô-Magnon Menschen kannten auch schon unsere heutige Bewegungsjagd mit Fernangriffswaffen: man verwendete damals Harpunen und Spitzen aus Knochen, Geweih oder Steinen, die als Wurfspeere, Stoßlanzen, Schleudern und Bogenpfeile verwendet wurden.

Nach wie vor bildete die Jagd die Grundlage für die Ernährung, die hauptsächlich aus dem Fleisch der erlegten Tiere bestand. Ob die Crô-Magnon Menschen schon in Töpfen kochten ist nicht bekannt.

Auch über die Art der Bekleidung geben weder stoffliche Reste noch Kunstwerke Aufschluss.

Dafür beweisen jedoch Funde von glattgeschliffenen, nadelspitzen Ahlen und Pfriemen aus Knochen, Elfenbein oder Rentiergeweih, von zierlichen, knöchernen Nähnadeln sowie von Knöpfen, die mit Löchern versehen und oft mit Gravierungen geschmückt waren, dass die Jungpaläolithiker die Schneiderei kannten und somit nicht mehr wie die Neandertaler lediglich Felle umhängten.

Bei den Crô-Magnon und Chancelade Menschen spielte der Schmuck, wie aus zahlreichen Funden belegt, eine große Rolle. Schon aus dem ersten Abschnitt des Jungpaläolithikum, dem Aurignacien, fand man in den Gräbern von Crô-Magnon und Combe-Capelle Schmuckbeigraben in reicher Fülle: Halsketten, Arm- , Stirn- und Kniebänder, Haarnetze und Schürzen aus Muscheln, Schnecken, Tierzähnen, Fischwirbeln, Knochen, bunten Steinen oder Bergkristall, oft durchbrochen in Form von Anhängern oder Amuletten oder als Besatz von Kleidern oder Kopfbedeckungen. (Vgl. TRACHSEL 2008, S. 54-56)

In noch viel größerem Ausmaß als die unter wesentlich günstigeren klimatischen Bedingungen lebenden Altpaläolithiker waren die Eiszeitmenschen Troglodyten, Höhlenbewohner.

Die langen Winter mit sehr großer Kälte zwangen sie, die Höhlen aufzusuchen. So kam es in diesem Zeitraum schon zu einigermaßen festen Wohnstätten: viele der Höhlen Süd- und Mittelfrankreichs, besonders diejenigen, in denen sich keine Bilder befanden, die also nicht als Kulthöhlen verwendet wurden, waren Wohnhöhlen, zu denen die Jäger immer wieder zurückkehrten. Sie waren daher auch meist wohnlicher gestaltet, die Eingänge durch Trockenmauern oder Strauchschirme geschützt und das Vorfeld war mit Steinplatten terrassenförmig gepflastert. Die südfranzösischen Höhlen scheinen lange bewohnt gewesen zu sein, da sie meist mehrere Kulturschichten aufweisen.

Der Jungpaläolithiker machte, wie aus Funden zu ersehen ist, große Fortschritte in der Steinbearbeitung. Zwar verwendete er noch das gleiche Material, den Feuerstein, wie die Neandertaler, jedoch wurden die einfachen Faustkeile durch feine, fingerbreite Klingen ersetzt, die aus den von den Steinen abgeschlagenen Spänen sorgfältig hergestellt wurden. An die 30 verschiedenen Werkzeugtypen wie Messer, Schaber, Stichel, Meißel, Hammer, Bohrer usw. zeugen von der Höhe dieser Klingenkultur.

Nun begannen sich auch immer wieder einzelne Menschen in den Horden mit ihrem Wissen über ihre Stammesgenossen zu stellen, Macht über sie zu gewinnen und ihren Schutz zu übernehmen. Diese Menschen nannte man Zauberer. Beschwörung und Zauber waren diejenigen Mittel, mit denen sie die Naturgewalten für sich zu gewinnen versuchten. (Vgl. BRAUDEL 1990, S. 15-20)

2.3 Die eiszeitlichen Kunstwerke

Die eiszeitlichen Kunstwerke, die etwa vor 150 Jahren in den Höhlen der Pyrenäen und des Périgord entdeckt wurden, geben ein ziemlich klares Bild von dieser Magie der Zauberer. Entweder sind es Ritzzeichnungen oder Gravierungen auf Stein, Knochen, Horn oder Elfenbein, Plastiken aus Stein, Elfenbein oder Serpentinen oder farbige Malerein, die zum allergrößten Teil Tiere, v.a. jagdbare Tiere jener Zeit darstellen. Nur eine kleine Zahl von Kunstwerken zeigt Menschen, noch seltener findet man Darstellung von Pflanzen. Dies liegt daran, dass sie weniger lebenswichtig waren und natürlich musste man nicht mit ihnen kämpfen, so erschienen sie daher nur ab und an als Verzierung auf Knochen- oder Elfenbeingeräten.

In zahlreichen Höhlen z.B. in Trois Ferès (Ariège), Combarelles (Dordogne) usw. wurden Zeichnungen von maskierten Menschengestalten, meist in der Haltung und Bewegung von Tänzern, den Zauberern, gefunden, die das Ritual der Erlegung und der Freude zeigen. Meist sind diese Fundstellen der eiszeitlichen Kunstwerke tief im Inneren der Höhlen, oft an völlig unzugänglichen Stellen, so dass angenommen wird, sie seien nur für Eingeweihte zugänglich gewesen und nicht, wie manchmal behauptet wird, für Menschen bestimmt, sondern für die dämonischen Mächte, auf die sie wirken sollen. (Vgl. BRAUDEL 1990, S. 20-26)

2.4 Die Chauvet Höhle

(Quelle: http://www.spiegel.de/wissenschaft/mensch/
0,1518,grossbild-137114-160635,00.html)

Die Chauvet-Höhle befindet sich nahe der Kleinstadt Vallon-Pont-d'Arc im Département Ardèche) im Flusstal der Ardèche in Südfrankreich. Die erst 1994 entdeckte Höhle enthält über 500 Wandbilder mit bisher erfassten mehr als 470 gemalten und gravierten Tier-und Symboldarstellungen, deren älteste, mittels Radioncarbonmehtode (C14-Methode) auf ein Alter zwischen 33 000 und 30 000 Jahren BP datiert wurden, d.h. in die archäologische Kultur des Aurignacién fallen.

Daten an Holzkohlen vom Fußboden der Höhle streuen bis zu Altern von ca. 25 000 BP, d.h. bis in die archäologische Kultur des Gravéttien.

Die Höhle wurde 1994 durch die Speläologen Jean-Marie Chauvet, Eliette Brunel Deschamps und Christian Hillaire entdeckt. Sie ist für die Öffentlichkeit nicht zugänglich, da eine Veränderung der Luftfeuchtigkeit zu Pilzbefall und damit zur Gefährdung der Malereien führen könnte.

Diese leidvolle Erfahrung wurde in den 1960er Jahren in der Höhle von Lascaux gemacht, deren Zugang seitdem ebenfalls stark reglementiert ist. Selbst die autorisierten Forscher des Teams aus Archäologen, Paläontologen und Kunstgeschichtlern dürfen nur in Abständen wenige Stunden dort arbeiten. (Vgl. BATAILLE 1983, S. 17-21)

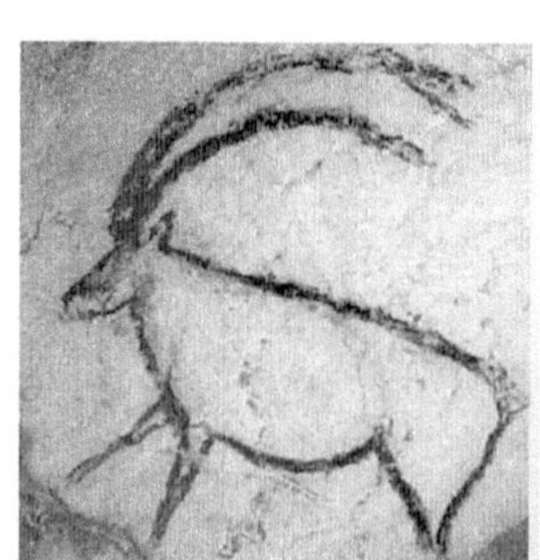

Höhlenmalerei in der »Grotte Chauvet«
(Quelle: http://www.erratiker.ch/F/
ardeche_grotte_chauvet.htm)

Die Höhle ist von bisher in der Ardèche unbekannten Dimensionen. Sie kann nur durch einen fast senkrecht nach unten verlaufenden Schacht erreicht, aber über eine Strecke von rund 500 Meter weitgehend begangen werden. Deren horizontale Ausdehnung erstreckt sich über ca. 240x100 Meter, sie umfasst vier große Säle von 15 bis 30 Metern Höhe, von denen der größte Saal fast 40x60 Meter misst.

Bemerkenswert sind die in der Ardèche perspektivische Darstellung, der routinierte Umgang mit roten und schwarzen, sowie wenig ockerfarbenen Malfarben und Stilmitteln, aber auch die Komposition von teilweise gewaltigen Bildwänden. Die Maler benutzten auch das Relief der Höhlenwände, um die Abbildungen wirkungsvoll zu präsentieren, und die verwendeten Farben wurden vor Ort aus Holzkohle, Naturocker und Lehm hergestellt und mit Nuancen von Grau- und Schwarztönen aufgebracht. Es wurden mehrere Maltechniken eingesetzt für z.T. formvollendete und detailgetreue Tierbilder. Erstaunlich ist die häufige Abbildung von selten in Höhlenmalereien anzutreffenden Tierarten wie Nashörner, Feliden und Bären.

Die lebendig wirkende Bilderdarstellung wurde erreicht durch entweder Verdoppelung der Körperumrisse, mehrfache Hintereinander-Wiedergabe der gleichen Tiergattung oder die Verwischung der Malfarbe.

Die dargestellten Tiere sind von einer beeindruckenden Vielfalt, die z.T. in einzigartigen Szenen präsentiert sind. Vorläufig sind rund 220 in verschiedenen Techniken dargestellte Tierdarstellungen erfasst; von den Entdeckern wurden deren 267 gezählt. Es handelt sich ausschließlich um Tiere, die dem Menschen in der Natur gefährlich werden oder ihnen Angst einflößen können vom winzigen Skorpion bis zum Löwen und Bär, Nashorn und Mammut. Keines dieser Tiere aber wirkt auf den Betrachter feindselig oder aggressiv.

Wie in anderen Höhlen wurden auch hier viele stilisierte Darstellungen und Zeichen, Symbole (Mensch-Tier-Darstellungen) sowie Handnegative und Handpositive angebracht, deren Bedeutung noch ungeklärt ist.

Die Chauvet-Höhle ist auch archäologisch eine außerordentlich interessante Fundstätte. Die in großer Zahl vorhandenen Knochenreste und –schädel stammen von Höhlenbären, von denen im Höhlenlehm auch Mulder der offensichtlichen Winterruheplätze erhalten sind. Dagegen gibt es kaum Knochen von Mammuts, obwohl etliche Felszeichnungen diese Tiere abbilden.

Im Inneren der Höhle gibt es eine Vielzahl von im feuchten Lehm erhalten gebliebene Fußspuren. Gegenwärtig wird daran geforscht, ob die Domestizierung von Hunden bereits zu dieser Zeit vonstatten gegangen sein kann.

Über mehr als 70m kann die Fußspur eines etwa 12-13 jährigen Jungens verfolgen, der von einem – ebenfalls barfüssigen – Erwachsenen begleitet war. Der Jugendliche schlug seine Brandfackel in regelmäßigen Abständen an die Höhlenwand, um die Helligkeit zu steigern. Die C14-Prüfung der Kohlereste ergab ein Alter von 26.000 Jahren: die älteste derzeit datierbare menschliche Fußspur der Welt.

Die Höhle scheint v.a. im Winter von Höhlenbären genutzt worden zu sein. Menschen haben sich immer nur ganz kurze Zeit in der Höhle aufgehalten. Spuren längerer Aufenthalte konnten nicht nachgewiesen werden.

Der hervorragende Erhaltungszustand der Kunstwerke und des Höhlenbodens verwehrt es zumindest für die nächsten Jahrzehnte, die Höhle für allgemeine Besuche zu öffnen. Derzeit ist eine Gruppe von 19 Wissenschaftlern verschiedener Disziplinen an der Arbeit, um der Höhle einige ihrer Geheimnisse zu entlocken. Die Arbeit vor Ort ist dabei sehr genau reglementiert und wird mittels Klimasensoren überwacht, um das vorhandene Höhlenklima nicht in Gefahr zu bringen.

2.5 Die Grotte de Pech-Merle

Die berühmten Höhlenmalereien von Lascaux dürften wohl jedem ein Begriff sein. Leider kann man

diese Höhle aber nicht mehr besichtigen. In der gleichen Region befindet sich aber auch die Grotte von Pech-Merle, die neben faszinierenden Höhlenmalereien und Ritzzeichnungen auch noch mit überraschenden geologischen Formationen aufwarten kann.

Pech Merle liegt im Südwesten Frankreichs, im Departement Lot.

(Quelle: http://www.quercy.net/pechmerle/)   "Pech" ist eine französische Verballhornung der okzitanischen Verballhornung des lateinischen Wortes "podium" und hat weder mit Pfirsichen noch mit Angeln etwas zu tun, sondern bezeichnet einen kleinen, relativ steilen Hügel. "Merle" bezeichnet den kalkhaltigen Boden. Und dem Kalkstein ist auch zu verdanken, dass Wasser eine Höhle graben konnte, die dann vor etwa 20000 Jahren von Menschen dekoriert wurde. Damit sind die Malereien vermutlich sogar älter als die von Lascaux.

Die Höhle wurde offensichtlich nicht auf einmal dekoriert, sondern verschiedene Generationen von Künstlern hinterließen mit verschiedenen Techniken ihre Spuren. In erster Linie malte man Tiere: Bisons, Mammuts, Auerochsen, Pferde.... und obwohl die Formen eigentlich sehr vereinfacht sind, lassen die wenigen schwarzen Linien die Tiere vital und bewegt erscheinen. An einer Stelle machte man sich sogar die natürliche Form der Höhle zu nutze, um einen Mammut plastisch erscheinen zu lassen, frühes 3-D sozusagen. An anderen Stellen wurden die Zeichnungen eingeritzt. Eine Art Air-Brush kannten die Menschen des Solutrée auch schon: Die Hand wurde an die Wand gehalten und schwarze Farbe daraufgeblasen. So entstanden die "negativen" Hände", deren Umrisse sich hell von der dunklen Farbe abheben. Allerdings sind all diese Werke nicht immer hübsch nebeneinander aufgereiht, sondern wurden oft auch übereinander gezeichnet. Die Ritzzeichnungen sind auch nicht alle gleich deutlich zu erkennen.

Doch neben diesen phantastischen Kunstwerken wartet die Höhle auch noch mit einem nicht weniger faszinierenden natürlichen Dekor auf. In der Pech Merle gibt es auch seltenere Formationen: im "Scheibensaal" sieht man kreisrunde Scheiben aus Kalk, die eigentlich für eine Außerirdischen-Theorie gut wären, wenn sich die konzentrische Anlagerung des Kalkes nicht durch physikalische Gesetze erklären ließe. Daneben hat der Kalk bizarre Säulen gebildet und man sieht die seltenen

"Höhlenperlen". Rundgeschliffen auch diese und in weiß und rötlichen Tönen sanft schimmernd (Kalk und Ocker sowie Eisenoxid bringen diese Färbung hervor). Zwischen den Höhlenperlen scheinen Pilze zu wachsen, ebenfalls mit superglatter Oberfläche und aus Kalk, diese sind "nur" eine Vorstufe zu den Höhlenperlen. (vgl. http://www.quercy.net/pechmerle/)

3 Die Vorzeit

3.1 Die klimatische Umwälzung der Nacheiszeit

Das Mesolithikum (mittlere Steinzeit) schiebt sich zwischen die ältere (Paläolithikum) und die jüngere Steinzeit (Neolithikum), die in Westeuropa etwa die Zeit von 7000-8000 Jahren BP einnimmt, von der aber bisher nicht sehr viel bekannt ist. In den letzten Jahren hat sich jedoch die Anzahl der Funde aus dieser Epoche vermehrt, so dass man sich nun ein genaueres Bild dieser Zeit machen kann. Dieser Zeitraum von ca. 5000 Jahren war in jeglicher Beziehung eine Zeit des Übergangs zu den Verhältnissen unserer geschichtlichen Zeit.

Einen prägnanten Einfluss übte der mehrphasige Vegetationswechsel von der eiszeitlichen Tundra hin zum gemäßigten Eichenmischwald aus. Damit ging ein grundlegender Wandel von Fauna und Flora einher, der eine entsprechende Anpassung der Sammel- und Jagdstrategien mit sich zog. U.a. entstanden fischreiche Binnengewässer und die längere Vegetationsphase führte zu einer insgesamt größeren Biomasse. (Vgl. TRACHSEL 2008, S. 55-57)

Statt der kahlen Steppen bedeckten nun ausgedehnte Eichen – und Buchenwälder das Land. Jedoch verschwand mit der Eiszeit auch die eiszeitliche Tierwelt, v.a. das Rentier, das sich in den arktischen Norden zurückzog, aber durch Rotwild, Elch, Reh und Wildschwein ersetzt wurde.

Das folgende Neolithikum (etwa 5000 bis 2000) sowie die Bronzezeit, die in Frankreich von 2000 bis 850 v.Chr. angesetzt wird, weisen bereits das Klima und Landschaftsbild unserer Zeit auf, allerdings waren die Waldungen größer und dichter, die Gewässer stärker und reißender und das Tierleben zahlreicher.

Die klimatischen Veränderungen hat auch die Völkerverschiebung verursacht. Eine Theorie besagt, dass die eiszeitlichen Crô-Magnon- und Chancelademenschen ihrem Wild, dem Rentier, nach Norden nachgezogen sind. Jedoch ist es auf der anderen Seite wiederum sehr unwahrscheinlich, dass die Mäßigung des Klimas die Menschen dazu gezwungen hatte die günstiger gewordenen Temperaturverhältnisse aufzugeben und die strenge Kälte und langen Winter des Nordens dafür eintauschten. Auch das Auswandern der Rentiere kann eine solche Auswanderung kaum erklären, da an Stelle der Rentiere nun anderes Wild getreten ist und dies im Überfluss vorhanden war.

Noch ist ungeklärt, was für Menschen an die Stelle der Ausgewanderten getreten sind. Eine These besagt, dass Stämme aus dem Süden (Italien, Spanien, Afrika) einwanderten, eine andere geht von orientalischen Völkern aus, die als Eroberer aus den Gebieten nördlich des Kaukasus in Europa einzogen. Einige maßgebende Anthropologe behaupten, dass im Mesolithikum überhaupt keine neuen Rassen in Frankreich einwanderten, zumindest nicht in erheblicher Zahl, sondern die damaligen Bewohner des Landes seien direkte Nachkommen der Menschen von Chancelade und Crô-Magnon.

Im Neolithikum hingegen erschienen allerdings drei weitere verschiedene Rassen, die nur zum Teil auf eine Urbevölkerung zurückzuführen sind:

> Die kleinwüchsige, langköpfige und schmalgesichtige Rasse von Baumes-Chaudes (Lozère), die wohl von den Chanchelademenschen abstammt. Sie war zu Anfang dieses Zeitraumes noch sehr weit verbreitet, dann aber allmählich auf ein kleines Gebiet in Mittel- und Südfrankreich zurückgedrängt wurde.

> Die große, langköpfige Rasse von Genay (Ain), die aus dem Süden einwanderte.

> Die kleine, kurzköpfige, alpine Rasse von Grenelle (Seine), die zuerst nur vereinzelt in Ostfrankreich auftauchte, also wahrscheinlich auch aus dem Osten kam, sich nach und nach aber bis in das Pariser Becken und während der Bronzezeit bis in die Bretagne ausbreitete, sich dort sogar mit den beiden anderen Rassen vermischte.

Während der Bronzezeit tauchten immer weitere Rassen auf:

> Die nordische, die aus dem Osten einsickerte

> Die mediterrane, die aus dem Süden kam und mit der ihr verwandten Rasse von Genay verschmolz

> Die großwüchsige, kurzköpfige Rasse, die besonders im Osten (Lothringen) erschien und deswegen auch als lothringische Rasse bezeichnet wird.

Zu diesem Zeitpunkt kann man allerdings noch nicht von Völkern im heutigen Sinn sprechen.

(Vgl. SUCHANEK-FRÖHLICH 1966, S. 11-14)

3.2 Der Übergang zur bäuerlichen Wirtschaftsform

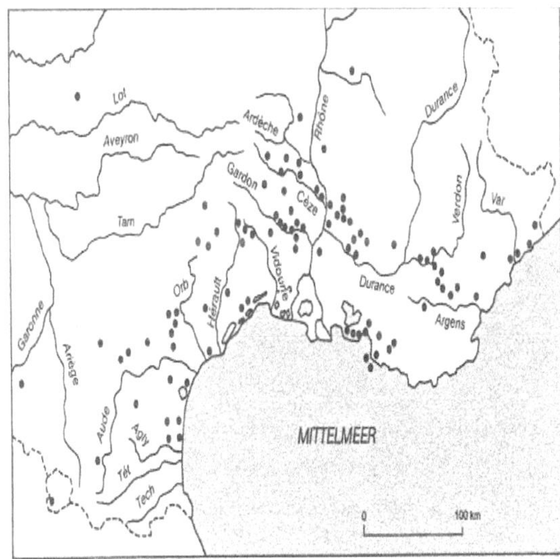

Abb. 1: Bäuerliche Gemeinden Südfrankreichs im 6./5. Jt. v. Chr.

(Quelle: PLETSCH 2003, S. 72)

Der mesolithische Mensch führte, wie auch schon der Paläolithiker, ein Jägerdasein. Auch wenn sich aufgrund der Ausbreitung des Waldes seine Umwelt veränderte, das Wild das er jagte nicht mehr das Rentier und der Wisent waren, sondern nun der Rothirsch und das Wildschwein, blieb die Jagd nach wie vor die Grundlage seines Lebens. Ab der letzten Phase des Mesolithikums findet man die ersten Spuren einer bäuerliche Wirtschaftsform.

Die Jäger und Fischer haben durch Einwanderer aus dem Osten und Süden die Bodenbearbeitung und die Viehzucht kennen gelernt. Ein wirkliches, in Dorfanlangen sesshaftes, im Besitz von Ackerland und Vieh befindliches Bauerntum finden wir in Frankreich erst im Neolithikum.

Der Übergang zu dieser produktiven Wirtschaftsform war von sehr großer Bedeutung: Von nun an verbrauchte der Mensch nicht mehr nur das, was ihm die Natur bot, wollte nicht mehr von dem augenblicklich Gegebenen abhängig sein, sondern er lebte und dachte auf eine lange Sicht. Mühsam bearbeitete er den Boden, zähmte Wildgräser, entwickelte daraus die verschiedenen Getreidesorten und züchtete Haustiere, alles Arbeiten, die ihm für den Moment zwar keinen Gewinn brachten, aber seine zukünftige Existenz sicherten und ihn von den Zufälligkeiten des Naturgeschehens ein wenig unabhängiger machten.

Kennzeichnend für das Neolithikum im Mittelmeerraum sind folgende Merkmale:

> Produktion der Grundnahrungsmittel durch Ackerbau und Viehzucht

> Sesshaftwerdung

> Keramikgefäße (Kochen statt Braten; Vorratshaltung)

> Geschliffene Steingeräte: Beilklingen zur Rodung und für den Haushalt

(Vgl. TRACHSEL 2008, S. 58)

Es lässt sich also behaupten, dass der neolithische Bauer bereits eine zielbewusste Vorratswirtschaft betrieb. Zudem betrieb er dort, wo der Rohstoff Feuerstein vorhanden war, den er immer noch zur Fertigung seiner Werkzeuge benötigte, Bergbau. In der Nähe der Bergwerke entstanden somit wahre Industrien und Siedlungen, die sich auf die Herstellung bestimmter Werkzeugtypen wie Hacken, Klingen und Pfeilspitzen spezialisierten. Die bekanntesten „Ateliers", bei denen man aufgrund der Funde sogar von Manufakturen sprechen kann, waren Grand-Pressigny und Orgnac.

Aufgrund zahlreicher Funde von bearbeiteten Feuersteinen in Belgien geht man davon aus, dass die erzeugten Werkzeuge und Geräte nicht nur im unmittelbaren Umkreis der Werkstätte verwendet wurden, sondern dass schon damals ein ausgedehnter Tauschhandel mit dem Norden stattgefunden hat. Als Verkehrsstraßen dienten die Flusstäler, die den Handel somit ungemein erleichterten.

Die Nahrung des Jungsteinzeitmenschen in Binnengebieten bestand aus dem Fleisch des Wildschweins und das des Hirsches. An den Küsten wurden die ersten Seefische und Seevögel verzehrt. Der neolithische Mensch ernährte sich aber keineswegs nur mit Fleisch, sondern nahm auch viel pflanzliche Nahrung zu sich, wie der Zustand der Zähne in den gefundenen Leichen beweist. Ackerbau und Viehzucht führten natürlich auch in der Ernährung eine Veränderung herbei, denn sämtliche Erzeugnisse aus der Landwirtschaft standen nun als Nahrung zur Verfügung. Die Erfindung der Töpferei machte nun auch ein richtiges Kochen der Nahrungsmittel möglich.

Da aus dieser Zeit keine Darstellungen gefunden wurden, weiß man nichts über seine Kleidung. Jedoch geht man davon aus, dass die Neolithiker eine gute Kenntnis der Fellbearbeitung sowie des Flechtens und Webens gehabt haben, dass sogar die Kunst des Stofffärbens schon bekannt war.

Zu Anfang dieser Zeit im Magdalénien wurden noch die Höhlen bewohnt, die aber später den Toten als Ruhestätte überlassen wurden. So wohnte man in einfachen Hütten, die in die Erde eingetieft waren.

Während des Neolithikums wurden die Wohngruben zu schützenden Häusern ausgestaltet. Den kreisrunden Gruben wurde ca. 1 m über dem Boden auf einer ganz niedrigen Wand ein Dach aus Schilf, Stroh, Baumrinde oder Schindeln aufgesetzt, ein Herd, Sitze und Liegestätten aus Stein waren die ersten Einrichtungsgegenstände. Auch lies sich schon eine Dorfgemeinschaft ausmachen, wie aus Funden hervorgeht. Diese Dörfer sind alle in der Nähe großer Wasserläufe entstanden.

Neben den oft schon dorfartigen Siedlungen sind aus dem Neolithikum auch Burganlagen, die durch Wälle, Gräben und Palisaden befestigt waren, wie z.B. Peu Richard und Pfahlbauten an Seen, Sümpfen und Torfmooren, die in geschlossenen Haufendörfern ca. 20-40m vom Seeufer über dem Wasser errichtet waren, bekannt, und nicht nur vor

(Quelle:pensas.de/bodensee-informationen.html)

wilden Tieren, sondern v.a. vor menschlichen Feinden Schutz boten. Bis heut kennt man in Frankreich nur drei Pfahlbaudörfer, die noch der Steinzeit angehören, am See von Annecy und an den Seen von Clairvaux und von Châlain. (Vgl. BRAUDEL 1990, S. 26-28)

3.3 Die Verehrung der Naturkräfte

Abb. 2: Produktionsstätten der Bronzezeit in Frankreich

Den bedeutsamsten Fortschritt in der Werkzeugherstellung brachte das 2. Jahrtausend vor Christus, nämlich die Erfindung der Metallbearbeitung und des Metallgusses. Hiermit setzte das Bronzezeitalter ein. Im Gegensatz zum Feuerstein aus dem Neolithikum ist die Bronze kein Naturprodukt mehr, sondern der erste vom Menschen erfundene Metalllegierung. Nunmehr begnügte sich der Mensch nicht mehr damit, einen in der Natur vorhandenen Rohstoff äußerlich zu bearbeiten, sondern er schuf eine Mischung aus Kupfer und Zinn und einen komplizierten Schmelz- und Gussprozess.

Abb. 2: Produktionsstätten der Bronzezeit in Frankreich

(Quelle: BRAUDEL 1990, S. 40)

Diese neue Wirtschaftsform führte zu einem geistigen Wandel. Der vorzeitliche Bauer widmete sich den Naturkräften, die ihm Wärme und Regen, Tau und Gewitter brachten, erkannte in ihnen Mächte, die über ihm standen, erflehte von ihnen Hilfe und dankte ihnen für eine reiche Ernte, indem dass er ihnen Feldfrüchte opferte; ein Naturkult bildete sich heraus.

Die Sonne war diejenige Naturkraft, die das bäuerliche Leben vor allem beeinflusste, indem sie im Frühling die Erde zu neuem Leben erwachte und befruchtete. Daraufhin bildete sich ein mythisches Weltbild heraus. (Vgl. SUCHANEK-FRÖHLICH 1966, S.16-18)

Abb: 3 Produktionsstätten der älteren Eisenzeit (700-500 v.Chr.)

(Quelle: BRAUDEL 1990, S. 41)

3.4 Die Megalithenbauten und Grabskulpturen

(Quelle: http://aufildugn.org/IMG/jpg/megalithe.jpg)

Die ältesten erhaltenen Bauwerke in Frankreich sind die Megalithbauten in der Bretagne, die wahrscheinlich als Grabdenkmäler der Vorzeitmenschen dienten und die die Naturverbundenheit der Menschen mit ihren mit Steinen und Pfählen zum Ausdruck bringen. Außer den Dolmen, die aus großen, unbehauenen Steinen bestanden und eine oder mehrere Kammern

(Quelle: http://blog.langauer.net/wpcontent/uploads/2008/10/menhire.jpg)

aufwiesen, sind besonders die Menhire bemerkenswert, 6-20m hohe Steine, die entweder einzeln oder in Reihen oder Kreisen aufgestellt wurden. Einzelne Anlagen wie die berühmten 1km langen Steinreihen von Carnac müssen wohl als Monumentalstraßen gesehen werden, die zu einem Heiligtum führten und den Aufzügen der zur Kultstätte Pilgernden einen feierlichen Rahmen geben sollten.(Vgl. BRAUDEL 1990, S. 30-37; v. REDEN 1979, S. 207ff, S. 234-239)

4 Das keltische Gallien

4.1 Die Kelten

Das erste Auftreten der Gallier in Frankreich wird um 1500 v. Chr. festgesetzt, wie man aufgrund von archäologischen Funden beweisen konnte. Zunächst setzten sie sich im Osten Frankreichs fest, es dauerte allerdings noch ein Jahrtausend, bis sie sich über das gesamte Gebiet Frankreichs ausgebreitet hatten. Sie fanden eine aus verschiedenen Volksgruppen zusammengesetzte einheimische Bevölkerung vor, mit der sie sich nach und nach vermischten, wohingegen sich im Zentralmassiv und in der Bretagne die einheimischen Bevölkerung behauptete. Auch im Südosten des Landes gelang es den Kelten nicht, die autochthone Bevölkerung vollständig zu verdrängen. Hier hatte sich wohl schon zur Bronzezeit ein mediterranes Volk angesiedelt, die Ligurer. Wie zahlreiche Funde von Bronzesicheln beweisen, waren sie vor allem Ackerbauer. Aus vielen Fluss-, Berg- und Ortsnamen ist ihre seinerzeitige Verbreitung in Südostfrankreich noch immer nachweisbar. Die Kelten trafen in Südfrankreich noch auf ein anderes Volk, die Iberer, die um 600 v. Chr. aus Spanien gekommen waren. Die Ligurer und Iberer wurden allmählich durch die Kelten teils zurückgedrängt, teils aufgenommen.

Um 600 v. Chr. gründeten die Phokäer, Griechen aus Kleinasien, die Stadt Massilia (Marseille) und von dort aus eine Reihe weiterer griechischer Kolonien wie Agadé und Nizza.

Im Laufe der Jahrhunderte verschmolzen die keltischen Einwanderer mit der autochthonen Bevölkerung immer stärker, so dass daraus das neue Volk der Gallier entstand. (Vgl. DE PLANBOL 1988, S. 15-21 ; ZIMMER 2004, S. 12-28)

4.2 Ackerbau und Viehzucht

Die Jagd war, wie auch in prähistorischer Zeit, ein wichtiges Mittel zum Nahrungserwerb. Auch der Fischfang war sicher schon ebenso beliebt wie im heutigen Frankreich. Das Bauerntum war die vorherrschende Wirtschaftsform, denn die Gallier verfügten über einen hohen „technischen" Stand der Landwirtschaft. Ursprünglich waren die Kelten noch Viehzüchter. Als sie in der Bronzezeit in Ostfrankreich einwanderten, fanden die Kelten hier eine friedliche Bevölkerung von Bauern vor, die mit ihren noch primitiven Geräten und Methoden die schweren Böden in den Tälern nicht oder nur schwer bearbeiten konnten und deshalb lieber auf die Hochplateaus gezogen waren, wo der Boden trocken und leichter zu bebauen war. In den unbesetzten Niederungen, die sehr gute Viehweiden boten, siedelten sich die Kelten mit ihren Herden an. Jedoch erkannten sie bald die durchaus günstigen Möglichkeiten des fruchtbaren Bodens. So verwendeten sie ihre Ochsen und Pferde als Zugtiere, ackerten den Boden, dem sie darüber hinaus Kalk und Mergel zuführten, mit dem Karrenpflug, der eine keltische Erfindung sein soll, und ernteten sogar mit Hilfe von Mähmaschinen.   Sie betrieben sogar schon die Dreifelderwirtschaft um der Erschöpfung des Bodens vorzubeugen. Außerdem wurde nur ein Teil des Landes für den Ackerbau verwendet, der andere war als Weide genutzt worden. Daher ist es nicht verwunderlich, dass die Gallier schon Kataster anlegten, d.h. Verzeichnisse der Grundstücke, die so präzise waren, dass die Römer sie nach der Eroberung ohne weiteres übernehmen konnten, ebenso wie die bei den Galliern üblichen Feldmaße (arpent).

Die Gallier waren neben Ackerbauern auch tüchtige Viehzüchter. Das Fleisch das sie produzierten aßen sie selbst in großen Mengen und exportierten es als „gallisches Pökelfleisch" als Delikatesse nach Italien. Sie züchteten Rinder, Schweine, die in den Eicheln und Bucheckern der gallischen Wälder ein gutes Mastfutter fanden, Schafe, deren Wolle sie ebenfalls nach Italien ausführten, und v. a. Pferde. Das hohe Ansehen der Pferde ist durch viele Tatsachen erwiesen: viele gallische Münzen tragen einen Pferdekopf oder das Bild eines Pferdes.

Dass die Landwirtschaft das Leben der Gallier maßgeblich bestimmte, beweist der Umstand, dass von den 50 keltischen Wörtern, die sich im Französischen erhalten haben, mehr als ein Dutzend sich auf das bäuerliche Leben beziehen. (Vgl. DE PLANBOL, 1988 S. 21-36)

4.3 Die Holz- und Metallverarbeitung

Zur Zeit der Gallier war das Land noch reich an wertvollen Metallen. Dies waren v.a. das Gold, welches in den Pyrenäen aus goldhaltigen Gesteinen oder aus Süd- und Mittelfrankreich aus dem Schwemmsand der Flüsse gewonnen wurde. Auch Silber wurde gewonnen, insbesondere aus Bleierzen um dann zur Erzeugung von Schmuck und zur Versilberung von Kupfergegenständen verwendet wurde. Spuren von Silberbergwerken fanden sich an vielen Orten. Der gallische Bergbau hatte jedoch nicht das Gold oder das Silber als Hauptprodukt, sondern die Eisenerze. Sie wurden in mehreren Regionen des Landes, z.B. in Aquitanien, im Périgord, in der Gegend von Bourges und in der Umgebung von Nancy gewonnen und verarbeitet.

Neben vielen ländlichen Werkstätten, welche Schmuck, Haushaltsgeräte und Kleidung für den lokalen Bedarf erzeugten, nahm infolge der günstigen Entwicklung der Handelsbeziehungen die gewerbliche Wirtschaft auch in den Städten einen lebhaften Aufschwung. Die Qualität, Präzision und Vielfältigkeit der Erzeugnisse, die erhalten blieben, sind erstaunlich.

Schon bis in die prähistorische Zeit zurück reich die Tradition der Holzverarbeitung. Wie Cäsar schon erkannte, waren die Gallier auf einem hohen Stand der Holzverarbeitung und- technik, wie sich in den aus schwerem Eichenholz gefertigten Schiffen der Veneter, den zwei- und vierrädrigen Karren, im

Gebälk der gallischen Holzhäuser und in den Palisaden, mit denen die Wälle der Oppida befestigt waren, erkennen lässt.

Zudem stand die Fassbinderei der Gallier, die gerne Bier tranken, ehe sie den Wein kennenlernten, ebenso auf einem sehr hohen Niveau. Auch andere Flüssigkeitsbehälter, ein Teil der Bewaffnung (Schilde, Bogen, Pfeile und Wurfwaffen) sowie landwirtschaftliche Geräte waren aus Holz gefertigt.

Ebenso wie die Holzverarbeitung war auch die Metallverarbeitung im unabhängigen Gallien heimisch. Die Gallier waren sehr geschickte Schmiede, wie an der technischen Vollendung ihrer Geräte fest zustellen ist. Denn viele ihrer Werkzeuge, die damals von den Galliern „erfunden" wurden, haben sich fast unverändert bis in unsere Zeit erhalten.

Besonders stachen die wegen der Kunstfertigkeit ihrer Handwerker, Waffen und Geräte zu verzinnen und zu versilbern, die Städte Alesia und Cabillonum (Châlons-sur-Saône) hervor.

Zur Erzeugung von Schmuck wurden Silber und Gold verwendet, das man mit Bernstein aus dem Baltikum, Korallen aus der Provence oder rotem Glasfluss, verzierte. Zwischen 300 und 200 v. Chr. ersetzte das Email die Korallen, das in den gallischen Werkstätten erzeugt wurde. Bibracte (Mont-Beuvry) galt als das Zentrum der gallischen Emaillierkunst.

Wie aus einigen gut erhaltenen Funden hervorgeht, kannten die Gallier bereits die Töpferei, was einen bedeutenden technischen Fortschritt hervorrief, da man nun in der Lage war, scharfgebrannte, hartwandige Geräte zu erzeugen. Man kann hier fast schon von einer Massenproduktion sprechen.

Textilien sind aus dieser Zeit kaum erhalten, man geht jedoch davon aus, dass gallische Gewebe wegen ihrer guten Qualität sehr geschätzt waren. In einem Land, in dem die Viehzucht so bedeutend und die Gerbstoffe so leicht aus Eichenrinde zu gewinnen waren, gab es natürlich auch eine hochentwickelte Ledererzeugung, die in der Bekleidung und Bewaffnung eine große Rolle spielte.

(Vgl. DE PLANBOL, 1988, S. 29-36)

4.4 Der Aufschwung von Handel und Verkehr

All diese Erzeugnisse, die handwerklich produziert wurden, wurden innerhalb des Landes verkauft oder gegen landwirtschaftliche Produkte eingetauscht. Die ersten Märkte wurden an den Grenzen der einzelnen Völkerschaften abgehalten, entweder in größeren Ortschaften oder auf vereinbarten Plätzen auf dem freien Feld. Auch die schon aus der Bronzezeit stammenden sehr regen Handelsbeziehungen mit anderen Ländern wurden weiterhin gepflegt. Aus dem Baltikum wurde Bernstein, aus den britischen Inseln, Spanien und Portugal Zinn und andere Metalle, aus Eturien und Griechenland Bronzewaren, aus Süditalien Wein eingeführt und im Gegenzug dafür erhielten die Tauschpartner gallische Handwerksprodukte. Die wichtigsten Ausfuhrartikel Galliens, die vor allem nach Italien gingen, waren neben Textilien besonders landwirtschaftliche Produkte: Getreide, Vieh, Gänse, Schinken. Der Hauptumschlagsplatz war nach der Eroberung des südöstlichen Galliens durch die Römer im 2. Jh. v. Chr. der Hafen Massilia (Marseille).

Die Leichtigkeit des Verkehrs auf dem Land und zu Wasser war die Hauptursache des Aufschwungs von Gewerbe und Handel. Schon das keltische Gallien besaß ein gutes Straßennetz, das , schon in vorhistorischen Zeiten entstanden, meistens den Flusstälern folgt und später von den Römern übernommen und ausgebaut werden konnte. Drei Haupthandelsstraßen durchzogen das Land:

> Eine lief von Massilia durch die Täler der Rhône, Saône und Mosel zum Rhein und and die Nordsee.
> Eine zweite führte von Corbilo an der Loiremündung nach Narbonne;
> Eine dritte durchquerte Gallien von Westen nach Osten und verband die Bretagne mit Lugdunum (Lyon) und Genauvum (Genf).

Die Durchschnittsgeschwindigkeit, mit der die Waren von einem Ende des Landes zum anderen transportiert wurden betraf ca. 30km pro Tag. Wasserläufe wurden durch Furten oder Flöße, Sümpfe durch Aufschüttungen von Baumstämmen und Reisigbündeln überbrückt. Der Karren war das am häufigsten verwendete Hilfsmittel für den Transport. Um über große Flüsse wie Loire, Allier, und Seine zu gelangen, bauten die Gallier schon erste Brücken. Auch die schiffbaren Flüsse des Landes wurden bereits von den Galliern ausgenutzt: auf Rhône, Saône, Loire und Seine bestand eine gut funktionierende Flussschifffahrt. Der Seeschifffahrt dienten am Mittelmeer die Häfen von Massilia und Narbonne, am Atlantik Burdigala (Bordeaux), Corbilo an der Loiremündung, Caracotinum (Harfleur) und Gesoriacum (Boulogne). (Vgl. SUCHANEK-FRÖHLICH 1966, S. 28-30; BRUNAUX 2009, S. 11-16)

4.5 Die Ernährung, Kleidung und Wohnung der Gallier

Die Nahrung der Gallier bestand hauptsächlich aus: frischem oder gepökeltem Schweinefleisch, Geflügel, Wildbret und Fische, Weißbrot, Milch, Butter und Käse. Dazu tranken sie gerne ein leichtes Gerstenbier oder Met, erst später machten sie mit dem Wein aus Süditalien Bekanntschaft.

Die Bekleidung der Gallier bestand bei den Männern aus Hose, Bluse und Mantel mit Kapuze; bei den Frauen aus einer langen, kleiderartigen Tunika, die um die Mitte mit einem Gürtel zusammengehalten wurde. Im Winter trugen beide Geschlechter Pelze und Kleider aus dicker Schafswolle. An den Füßen trugen sie Lederstiefel oder Galoschen.

Die Gallier waren ein sehr reinliches Volk und wuschen sich und ihre Kleidung einmal pro Woche.

Der Großteil der Gallier lebte auf dem Lande. Die Städte (Oppida) waren ursprünglich befestigte Zufluchts- bzw. Kult- und Versammlungsstätten oder Handels- und Industrieorte, in denen Kaufleute und Handwerker ihre Läden hatten. Erst im 1. Jh. v. Chr. wurden sie zu Wohnzentren. Oft lagen sie auf Anhöhen, z.B. Gergovia, in der Nähe von Clemont-Ferrand, und Bibracte, heute Mont-Beuvray, oder sie waren durch Wasserläufe geschützt wie Lutetia (Paris) oder Melodunum (Meln), oder durch Sümpfe wie Avaricum (Bourges). Die gallischen Städte waren schon von Steinmauern umschlossen. Die meisten Städte befanden sich in Süd- oder Mittelgallien, während der ganze Nordosten fast ohne Städte war.

Entweder lebte die bäuerliche Bevölkerung in Einzelgehöften (aedificia) oder in Dörfern (vici), wohingegen die adeligen Gutsbesitzer die „villae", die zumeist am Waldrand oder am Ufer eines langen Flusses lagen, bewohnten. Die gallischen Häuser waren noch immer die vorzeitlichen Wohngruben, die teils aus Gründen der Sicherheit und Festigkeit, teils zum Schutz gegen die Stürme und Gewitter einen

(Quelle: www.keltenmuseum.de/dt/brand/ ho_brand2.html)

Meter tief in die Erde gegraben waren. Es waren einräumige Hütten aus Balken, Lehm und Flechtwerk, mit Stroh oder durch Lehm verfestigtes Weidengeflecht gedeckt. Im Dach befand sich ein Loch, das für den Austritt des Rauches war. In den Wänden ließen kleine Fensterlöcher ohne Scheiben etwas Luft ein, die Türe bestand aus Weidengeflecht. In der Mitte des Hauses befand sich die Herdstelle, über der an einem Haken ein Kessel oder ein Spieß hing, in oder an dem die großen Fleischstücke gekocht oder gebraten wurden.

Sogar einen Backofen besaßen diese Menschen schon, der sich, wie auch heute noch in vielen französischen Dörfern vor dem Haus befand.

Auch wenn die Einrichtung des Hauses noch sehr spärlich war, verwendeten die Menschen schon niedere Tische, an denen das Essen eingenommen wurde, und Kisten, in denen Geschirr, Kleidung und Wäsche aufbewahrt wurde, die aber gleichzeitig auch als Sitze Verwendung fanden. Als „Bett" wurden Wolfs- oder Hundsfelle als Unterlage verwendet; später sollen die Gallier die Matratze erfunden haben.

4.6 Die aristokratische Gesellschaftsordnung und die Gallier im Krieg

Die Gallier hatten wie die Germanen und Römer eine aristokratische Gesellschaftsordnung. Zwei Stände hatten im Staat das Sagen: die Druiden und die Adeligen. Die große Masse des Volkes hingegen, die plebs, war von der besitzenden Klasse sozial und wirtschaftlich abhängig uns sehr arm. Die blebs bildeten die Klientel der Aristokratie, von wenigen Freien (Bauern, Handwerker, Kaufleute) einmal abgesehen. Der größte Teil der Klientel bildeten die verschuldeten Bauern, die den großen Grundbesitzern hörig waren. Sklaven gab es bei den Galliern aber nicht, da sie keine Gefangenen machten. Der Begriff des Staates im modernen Sinn war den Galliern noch fremd, sie lernten ihn erst durch die Römer kennen. So weit es staatliche Einrichtungen gab, beschränkten sie sich auf die Sicherung nach Außen. In Gallien lebten ca. 400-500 keltische Stämme, von denen jeder seinen Führer, seinen Schutzgott, seine Traditionen und Interessen hatte. Auch wenn keine nationale und politische Zusammengehörigkeit zwischen diesen Stämmen bestand, hatten sie doch eine gemeinsame Sprache, glaubten an eine gemeinsame Abstammung von einem göttlichen Vater und hatten ein gemeinsames Waldheiligtum, eine religiöse Hauptstadt an den Ufern der Loire, wo sich alljährlich die Druiden des ganzen Landes zu gemeinsamen Beratungen zusammenfanden. Hingegen waren sonst der Lokalpatriotismus und der Stammesegoismus größer als die Zusammengehörigkeit.

Viele der gallischen Völker hatten einen König, manche sogar zwei. Als Cäsar nach Gallien kam, gab es deren nur noch zwei, einen bei den Nitiobroges im Süden und einen bei den Senones im Norden. Diese Führer der „großen Familien" rissen die Macht an sich und bauten sich ein aristokratisches Regime mit einer großen Klientenschar auf. Es gab zwar einen obersten Magistrat, den Vergobret, dieser wurde jedoch von der Versammlung der Familienoberhäupter und Druiden (= röm. Senat) gewählt und war somit vollkommen in ihrer Hand.

Außer dem Senat gab es noch eine allgemeine Versammlung, zu der die Familienführer mit ihren Klientel erschienen, um ihren Willen durchzusetzen. Dem Vergobret stand ein Führerrat zur Seite, der die gemeinsamen Interessen besprach, Steuern und Zölle festlegte, Bündnisse abschloss und über Krieg und Frieden entschied.

Die Gallier zogen mit ihren Frauen und Kindern in langen Wagenkolonnen in den Krieg. Durch wild voranstürmende Wagen wurde der Kampf eingeleitet, von denen aus man den Feind zur Verwirrung mit einem Wurfspießregen überschüttete.

Wenn der Feind jedoch trotzdem standhielt, wiederholten sie ihre Angriffe so lange bis die gallische Infanterie, die durch die Angriffswellen gedeckt war, so nahe vorrückte, dass ein Schwertnahkampf die erschütterte Front aufrollen konnte. Bei Misserfolg dieser Taktik folgten Panik und Flucht.

(Vgl. DE PLANBOL 1988 S. 37-40)

5 Die römische Periode

5.1 Die Eroberung Galliens durch die Römer

Abb. 23: *Die Eroberung Galliens durch Cäsar 58–52 v. Chr.*

Die Römer, die Strafexpeditionen in Gallien durchführten, trafen um ca. 181 v.Chr. in diesem Gebiet ein. Das mediterrane Gebiet rückte zunächst in den Mittelpunkt, als 122 v. Chr. Aquae Sextinae Saluvarium (Aix-en-Provence) gegründet wurde. Die Stadt wurde von den Römern zur Hauptstadt (Gallia transalpina) erklärt.

118 v. Chr. ging die Hauptstadtfunktion an Narbo Martius (Narbonne) über, nach der die Provincia Narbonensis benannt wurde. (Vgl. WAGNER 2001, S. 67)

Abb. 4: Die Eroberung Galliens durch Cäsar

(Quelle: PLETSCH 2003, S. 76)

Die Grenzen des Territoriums verliefen im Westen bei Tolosa (Toulouse), im Norden bei Vienna (Vienne) bzw. Genava (Genf).

Dadurch änderte sich nicht nur die Politik, sondern auch die Geographie des mediterranen Landteiles von Frankreich.

Schon lange bevor Julius Cäsar zu seinem Eroberungszug nach Gallien aufbrach, war in der Provincia Narbonensis eine gründlich veränderte Kulturlandschaft und gleichzeitig eine solide Operationsbasis für die Unterwerfung der gallischen Völker entstanden. Ein Grund für die schnelle Eroberung Galliens durch die Römer war wohl diese günstige Ausgangssituation. Binnen sechs Jahren brach Julius Cäsar den gallischen Widerstand, wohingegen die Unterwerfung Spaniens fast 200 Jahre beanspruchte.

Als Aufmarschweg nutzen die Römer die Rhône-Saône-Furche für einen ersten Schlag gegen die Helvetier. Anschließend eroberten sie Stück für Stück das Pariser Becken in einer dem Uhrzeigersinn entgegengesetzten Kreisbewegung. 52. v. Chr. fand die Entscheidungsschlacht bei Alésia im nördlichen Burgund statt, wo sich der Gallierführer Vercingétorix nach langer Belagerung geschlagen geben musste.

(Vgl. PLETSCH 2003, S. 76-77; REDDE 2008, S. 75; de BERTIER DE SAUVIGNY 1980, S. 30ff)

5.2 Die räumlichen Konsequenzen der römischen Herrschaft

Während der 500 darauffolgenden Jahre fand die Romanisierung Galliens statt. Bis heute noch sind die Spuren der kulturgeographischen Veränderungen dieser Phase sichtbar. Der Ausbau und die Verdichtung des gallischen Straßennetzes waren von entscheidender Bedeutung für die politische und militärische Kontrolle Seitens der Römer. Der Ausgangspunkt und somit die wichtigste Verbindung nach Rom war die Via Aurelia, die bis nach Arles führte. Von hier zweigte die Via Agrippa in nördliche Richtung ab, die ziemlich geradlinig über Trier bis nach Köln weitergeführt wurde.

In diesem Verkehrssystem bildete Lyon (Lugdunum) einen wichtigen Kreuzungspunkt, an dem mehrere Hauptstränge nach Westen und Nordwesten (Zentralmassiv und Pariser Becken) abzweigten. Etwas nördlicher zweigte eine Straße nach Osten ab, die über das Burgund eine Verbindung zum Oberrheintal herstelle. Einige der heutigen Trassenführungen gehen auf jenes Netz der Römer zurück.

Gleiches gilt für das römische Städtesystem, für das die Via Agrippa eine zentrale Achse darstelle. Die wichtigsten Zentren waren hier angesiedelt: Nemausus (Nîmes), Arelate (Arles), Arausio (Orange), Vienna (Vienne), Lugdunum (Lyon, das über einen langen Zeitraum die Funktion der gallorömischen Hauptstadt innehatte), Augusotodunum (Autun), Augusta Trevorum (Trier, das schließlich die Hauptstadtfunktion von Lyon übernahm).

Auch im westlichen Teil der Provinz gab es florierende Städte wie z.B. Tolosa (Toulouse) und Burdigala (Bordeaux). Hier war jedoch das Städtenetz weniger dicht als im Osten. Ebenso war das Pariser Becken in jener Zeit weit weniger bedeutend als heute. Paris (Lutetia) entstand zwar an einem wichtigen Übergang über die Seine, hatte jedoch innerhalb des gallorömischen Städtesystems keine herausgehobene Bedeutung.

Die vielfältigen und zahlreichen Spuren der römischen Antike v.a. in den Städten entlang der Via Agrippa zeugen noch heute von der wirtschaftlichen und kulturellen Blüte in den ersten Jahrhunderten nach Christus.

Unter den kulturlandschaftsprägenden Veränderungen während der Römerzeit sollten auch die Siedlungsgründungen im ländlichen Raum sowie deren Neuvermessung nicht unerwähnt bleiben. Die Neuanlage von villae rusticae, die häufig Ausgangspunkte für spätere dörfliche Siedlungen wurden, erfolgte in dieser Zeit. Es handelte sich meist um Gutshöfe, die an Kriegsveteranen vergeben wurden. Mit diesen Gründungen ging auch die flächenhafte Landvermessung einher, wobei in der Frühphase ein quadratischer Landblock üblicherweise in 100 Landlose (jugera = Joch) unterteilt wurde. Dieses Grundschema des Zenturialsystems, das aus dem ganzen römischen Verbreitungsgebiet bekannt ist, findet sich teilweise bis heute dem kleinstrukturierten Parzellenschema des unteren Rhônetals unterlegt, insbesondere im Gebiet um Orange, wo kleinbetriebliche Strukturen bereits in der römischen Antike überberwogen.

In anderen Gebieten Frankreichs, besonders in Aquitanien und im Pariser Becken, waren dagegen von Beginn an latifundiale Größenstrukturen verbreitet. Die villae umfassten hier oft 1000 ha und mehr Fläche. Sie zeichneten sich fast immer durch das Nebeneinander einer prächtigen villa urbana, dem Wohnhaus des Grundherren mit viel Komfort, und der villa rusticana, den Sklavenwohnungen, Wirtschaftsgebäuden, Kellern und Speichern aus.

Gerade solche Großgrundbesitzungen mit ihrer Sklavenwirtschaft waren spätestens ab dem 2. Jh. n. Chr. ständig Anlass zu Aufständen der gallischen Bevölkerung gegen die römische Herrschaft.

Natürlich ist unter den kulturgeographisch wichtigen Konsequenzen der Römerherrschaft auch die französische Sprache zu nennen, die sich aus dem Lateinischen heraus gebildet hatte. Die 500 Jahre der römischen Herrschaft reichten aus, um die Überlegenheit des Lateinischen, das vorerst in Gallien nur als Amtssprache verwendet wurde, gegenüber den zahlreichen keltischen Dialekten deutlich werden zu lassen. Auch wenn sich die Bevölkerung ein schlimmes Vulgärlatein aneignete, so entwickelte sich doch gerade aus diesem heraus das Französische, auch wenn es erst 1539 zur einzigen Sprache im Königreich Frankreich erklärt wurde. (Vgl. TRACHSEL 2008, S. 82-85)

6 Fazit

Wie in dieser Arbeit ausführlich dargestellt wurde, beginnt die Geschichte Frankreichs nun wirklich nicht erst mit der Besetzung der Römer, sondern schon wesentlich frührer im Altpaläolithikum vor 2,5 Millionen Jahren. Im Laufe der Geschichte entwickelte sich der Mensch vom Jäger und Früchtesammler zum Ackerbauern, machte sich die Gegebenheiten der Natur zum Nutzen, bewohnte Höhlen und baute sich im Neolithikum erstmals kleine Hütten und wurde so zum sesshaften Ackerbauern. Griechen, Kelten und Römer brachten durch die territoriale Eroberung „Frankreichs" ihre eigenen Kulturen ins Land und so entstand in Frankreich so etwas wie eine Mischkultur, die sich in den verschiedenen Regionen noch immer wiederfindet.

Literaturverzeichnis

Monographien

BATAILLE, G. (1983): Lascaux- oder die Geburt der Kunst, Genf, 149 S.

BEAUTIER, F. (1987): Géographie de la France, Paris 187 S.

BRAUDEL, F. (1990) : Frankreich 2, Stuttgart 233 S.

BRUNAUX, J.-L. (2009) : Druiden – Die Weisheit der Kelten, Stuttgart, 389 S.

DE BERTIER DE SAUVIGNY, G. (1980) : Die Geschichte der Franzosen, Hamburg,
422 S.

DE PLANBOL, X. (1988) : Géographie historique de la France, Paris, 653 S.

KUCKENBURG, M. (2005) : Der Neandertaler, Stuttgart, 339 S.

OMPHALIUS, M. (2005): Der Neandertaler, Berlin, 271 S.

PLETSCH, A. (2003): Frankreich, 2., überarb. und erg. Auflage, Darmstatt, 378 S.

REDDÉ, M. (2006): Alésia – Vom nationalen Mythos zur Archäologie, Paris, 171 S.

SUCHANEK-FRÖHLICH, S. (1966): Kulturgeschichte Frankreichs, Stuttgart, 816 S.

TRACHSEL, M. (2008): Ur- und Frühgeschichte, Ulm, 276 S.

VON REDEN, S. (1979): Die Megalith-Kulturen, 2. überarb. und veränd. Neuauflage,
Köln, 342 S.

WAGNER, H.-G. (2001): Mittelmeerraum, Darmstadt, 381 S.

ZIMMER, S. (2004): Die Kelten – Mythos und Wirklichkeit, Stuttgart, 226 S.

Internetquellen

http://aufildugn.org/IMG/jpg/megalithe.jpg

http://www.auswaertiges-amt.de/diplo/de/Laenderinformationen/01-
Laender/Frankreich.html

http://blog.langauer.net/wpcontent/uploads/2008/10/menhire.jpg

www.erratiker.ch/F/ardeche_grotte_chauvet.htm

www.keltenmuseum.de/dt/brand/ho_brand2.html

http://pensas.de/bodensee-informationen.html

http://www.spiegel.de/wissenschaft/mensch/0,1518,grossbild-137114-
160635,00.html)

www.wdr.de/.../index.jhtml?pbild=1

www.wissenschaft.de